Koyenikan Olufunke

Produção de Cogumelos a Baixo Custo

Koyenikan Olufunke

Produção de Cogumelos a Baixo Custo

Utilização de Resíduos Agrícolas num Ambiente Controlado para o Progresso Económico

ScienciaScripts

Imprint

Any brand names and product names mentioned in this book are subject to trademark, brand or patent protection and are trademarks or registered trademarks of their respective holders. The use of brand names, product names, common names, trade names, product descriptions etc. even without a particular marking in this work is in no way to be construed to mean that such names may be regarded as unrestricted in respect of trademark and brand protection legislation and could thus be used by anyone.

Cover image: www.ingimage.com

This book is a translation from the original published under ISBN 978-613-9-90304-7.

Publisher:
Sciencia Scripts
is a trademark of
Dodo Books Indian Ocean Ltd., member of the OmniScriptum S.R.L Publishing group
str. A.Russo 15, of. 61, Chisinau-2068, Republic of Moldova Europe
Printed at: see last page
ISBN: 978-620-4-06718-6

Índice

ABSTRACT

O cogumelo (ostra e shiitake) foi cultivado em ambiente controlado, utilizando resíduos agrícolas, espiga de milho, farelo de arroz, farelo de trigo e resíduos de algodão como substratos. 30,0g cada um dos Cogumelos produzidos foram secos a temperaturas de 60, 105 e 120oC, moídos e embalados. Amostras colhidas recentemente foram congeladas. As propriedades físicas dos cogumelos recém-colhidos foram determinadas e a Análise Proxima revelou que o cogumelo produzido usando este método é de alta qualidade. A tecnologia de produção é relativamente simples, mais barata e apropriada à nossa condição local. Este artigo examina como os cogumelos podem ser produzidos utilizando resíduos agrícolas num ambiente controlado para o progresso económico.

Palavras-chave: *Edifício de controle, (Cogumelo, shiitake, Ostra), Cultivo, Processamento*

CAPÍTULO 1

INTRODUÇÃO

Existem centenas de espécies de fungos identificados que, desde tempos imemoriais, têm dado uma contribuição global significativa à alimentação humana e à medicina. Alguns estimam que o número total de fungos úteis - definidos como tendo valor comestível e medicinal - é superior a 2 300 espécies (Elaine e Nair, 2009). Ele também opinou que, embora essa contribuição tenha sido feita historicamente através da coleta de fungos comestíveis silvestres, há um interesse crescente no cultivo para suplementar ou substituir a colheita silvestre. Isto é resultado do crescente reconhecimento do valor nutricional de muitas espécies, juntamente com a realização do potencial de geração de renda dos fungos através do comércio.

Tem sido dada muita atenção à conservação dos cogumelos com pouco interesse no efeito das técnicas de conservação na qualidade nutricional. Ao longo dos anos, vários métodos têm sido utilizados para prolongar a duração de conservação tanto dos cogumelos frescos como dos transformados (Oei, 2003b; Rai e Arumuganathan, 2008). Na conservação e utilização destes métodos para prolongar a vida útil, os fabricantes e consumidores estão mais preocupados com os atributos físicos e as propriedades organolépticas do produto final. Esta ênfase levou a que os fabricantes e consumidores negligenciassem a necessidade de se preocuparem com o efeito que estes métodos têm sobre a composição nutricional do produto final.

O cogumelo é um macrofungus com um corpo frutífero distinto, suficientemente grande para ser visto a olho nu e para ser colhido à mão (Kokoti *et al.*, 2015). Todos os cogumelos pertencem ao reino dos Fungos, um grupo muito distinto das plantas, animais e bactérias (Oei, 2003). Por isso, carecem de clorofila e dependem de outros organismos para a alimentação (Oei, 2003). A maioria dos cogumelos cultivados pertence ao filo, Basidiomicetos, que produzem seus esporos em basidia enquanto outro grupo importante é o Ascomycetes, que produzem seus esporos em asci (Oei, 2003; Ares *et al.*, 2007). Os cogumelos esforçam-se bem a um nível de humidade relativa de cerca de 70-80% e um nível de humidade de 50-75%. Existem cerca de 69.000 espécies conhecidas de cogumelos, das quais 2.000 são consideradas como cogumelos comestíveis (Chang e Tropics, 1991). Os cogumelos comestíveis têm sido recolhidos e consumidos por pessoas há mais de mil anos. O registro arqueológico revela espécies de cogumelos comestíveis associadas a pessoas que vivem no Chile há 13.000 anos, mas foi na China que o consumo de fungos silvestres foi notado pela primeira vez de forma confiável há várias centenas de anos (Boa, 2004). Algumas espécies selvagens colhidas no Gana são *Termitomyces spp, Volvariella volvacea,Coprinus spp, Cantherellus aurantiacus(Obodai,* 2001).

Os cogumelos são os corpos frutíferos dos macro fungos. Incluem tanto espécies comestíveis/medicinais como venenosas. Contudo, originalmente, a palavra "cogumelo" era usada para os membros comestíveis dos macro fungos e "cogumelos" para os venenosos dos macro fungos "brânquias". A função desta parte visível de alguns fungos é a de produzir e dispersar o maior número possível de esporos no menor tempo possível. Os esporos criam novos indivíduos após serem levados pelo vento e pousarem num bom local de crescimento. Os cogumelos têm sido reconhecidos como alimentos ricos em proteínas, ácido fólico, bem como vitamina B12. A sua característica mordedura de carne, textura e sabor também contribuem para a procura de cogumelos; assim, o cultivo de cogumelos é agora uma grande indústria nos países industrializados do mundo (Kemisola *et al.*, 2000).

Os cogumelos têm sido reconhecidos como alimentos, contribuindo para a nutrição proteica dos países, dependendo em grande parte dos cereais. Além disso, o ácido fólico e a vitamina B12, que estão ausentes na maioria dos vegetais, também estão presentes nos cogumelos. As suas características de mordedura de carne, textura e sabor também contribuem para a procura de cogumelos. Assim, o cultivo de cogumelos é agora uma grande indústria nos países industrializados do Ocidente, existe um potencial de exportação muito considerável para os cogumelos e as condições climáticas em vários estados oferecem um ambiente agradável para o cultivo, se a tecnologia moderna for adoptada. Também se percebe que a mera produção de cogumelos não tem qualquer utilidade a não ser que possam ser devidamente preservados, tendo em vista os objectivos de exportação e para o mercado internacional. A produção de cogumelos tem aumentado muitas dobras durante o passado recente. Também é encontrado um lugar definitivo no hábito de consumo alimentar das massas comuns e há uma procura constante durante todo o ano (Royse e Schisler, 1998).

O cogumelo tem sido apreciado localmente e em pequenas quantidades pelas populações nativas americanas e étnicas e amplamente utilizado durante séculos

(Stamets 1995). Atrás do botão comum e do cogumelo ostra, o cogumelo shiitake é o terceiro cogumelo mais produzido no mundo. A produção americana de shiitake tem aumentado mais rapidamente do que qualquer outra espécie de cogumelo. O shiitake é um cogumelo grande, em forma de guarda-chuva, que é castanho-escuro e é composto tanto pelas suas propriedades culinárias como medicinais. Os benefícios medicinais comprovados incluem efeitos antivirais, antifúngicos e anti-tumorais. Por exemplo, o consumo de cogumelos shiitake reduz significativamente os níveis de colesterol no sangue e, de acordo com os relatos de animais de laboratório, os cogumelos shiitake são menos nutritivos, mas ainda são uma boa fonte de proteína (Royse e Schisler 1996). Ele contém todos os oito aminoácidos essenciais em melhor proporção do que soja, carne, leite ou ovos, bem como uma boa mistura de vitaminas como vitamina A, B, B12, C, D. e minerais como potássio, fósforo, cálcio e magnésio e niacina (Park, 2001).

No entanto, é essencial notar que alguns cogumelos são venenosos e podem até ser letais, daí a necessidade de uma precaução extra na identificação das espécies que podem ser consumidas como alimento. Indirectamente, o cultivo de cogumelos também oferece oportunidades para melhorar a sustentabilidade dos pequenos sistemas agrícolas através da reciclagem da matéria orgânica, que pode ser usada como substrato de cultivo, e depois devolvida à terra como fertilizante. Através do fornecimento de rendimento e de uma melhor nutrição, o cultivo e comércio bem sucedidos de cogumelos pode fortalecer os bens de subsistência, o que não só reduz a vulnerabilidade aos choques, como também aumenta a capacidade de um indivíduo e de uma comunidade para agir sobre outras oportunidades económicas (Elaine e (Tan) Nair, 2009).

O cogumelo está gradualmente a tornar-se popular, uma vez que é rico em minerais e vitaminas com pouca gordura e açúcar. A tecnologia da criação de cogumelos baseia-se no facto de que o estrume compostado que produz cogumelos poderia ser utilizado para inocular novas pilhas de estrume de cavalo compostador. (Duggar, 2000; Oei, 2003a).

O desenvolvimento do cogumelo geralmente começa ao primeiro sinal de botões, muitas vezes num ciclo de 7-10 dias e pode durar por НЛ -2 meses. O tempo é importante à medida que o cogumelo cresce rapidamente, duplicando o seu tamanho em 24 horas. Os botões são pequenos cogumelos não abertos na fase plana, enquanto as tampas são os botões mais antigos que começaram a abrir e se expandiram completamente para expor todas as guelras (Duggar, 2000). Os corpos de frutificação são colhidos à mão com um movimento de torção. O caule é aparado e o cogumelo é geralmente classificado directamente em caixas para transporte e venda. Os cogumelos são altamente perecíveis e devem ser comercializados o mais cedo possível após a colheita (Duggar, 2000).

O valor nutricional do produto deve ser considerado em relação ao menu completo. É a combinação de diferentes vitaminas e proteínas alimentares. Alguns cogumelos são considerados como alimentos saudáveis porque contêm vitaminas B_1, B_2, C e Minerais e têm um baixo teor de gorduras. O cultivo de cogumelos pode ajudar a reduzir a vulnerabilidade à pobreza e fortalecer os meios de subsistência através da geração de uma fonte de alimentos de rendimento rápido e nutritivo e de uma fonte de rendimento fiável (Roger, 2000).

Como não requer acesso à terra, o cultivo de cogumelos é uma actividade viável e atractiva tanto para os agricultores rurais como para os habitantes das zonas semi-urbanas. O cultivo em pequena escala não inclui nenhum investimento de capital significativo: o substrato de cogumelos pode ser preparado a partir de qualquer resíduo agrícola limpo, aumentando a segurança alimentar e de rendimentos através da incorporação de cogumelos nas estratégias de subsistência. Estudos de caso de resultados bem sucedidos do cultivo de cogumelos como meio de vida demonstram os benefícios resultantes da produção de cogumelos em termos de rendimento, segurança alimentar e consumo de alimentos saudáveis (Elaine e Nair, 2009).

A produção comercial total de cogumelos em todo o mundo aumentou mais de 21 vezes em 35 anos, de cerca de 350.000 toneladas em 1965 para cerca de 7,5 milhões de toneladas em 2000 (Boa, 2004). De 2000 a 2009, a produção global aumentou para 67% excluindo os números de produção não oficial provenientes da China (Verma, 2013).

CAPÍTULO 2

ANÁLISE DA LITERATURA

História do Cogumelo

O cogumelo está gradualmente a tornar-se popular, uma vez que é rico em minerais e vitaminas com pouca gordura e açúcar. Os cogumelos são os corpos carnudos comestíveis de certos fungos, que podem ser colhidos selvagens ou cultivados. A espécie de cogumelo mais comumente cultivada é o *agaricus bisporous*. É consumido pelo homem, os cogumelos ou foram consumidos directamente ou foram tratados como alimentos especiais desde os tempos mais remotos.

Requisitos Climáticos para o Cultivo do Cogumelo

De acordo com (Kokoti *et al.,* 2015), o objectivo ou objectivos da exigência climática para o cultivo de cogumelos é criar a condição adequada durante as sucessivas fases do cultivo de cogumelos, tais como pasteurização, crescimento de cogumelos, apanha da semente, etc.

Em primeiro lugar, é necessário determinar que condição climática tem de ser satisfeita durante as sucessivas fases de cultivo dos cogumelos. Os principais factores climáticos, que têm de ser considerados durante a incubação, são a temperatura, humidade, óxido de carbono IV (CO_2) e luz.

Ele também afirmou que o cogumelo selecionado para o cultivo em um determinado local deve ser capaz de crescer a uma temperatura próxima à temperatura normal do ar exterior. Foi ainda afirmado que três temperaturas diferentes são importantes.

i. Temperatura do ar dentro da sala de crescimento

ii. Temperatura do ar fora da sala de crescimento

iii. A temperatura do substrato.

A temperatura do substrato é um parâmetro importante tanto no crescimento dos micélios como na formação do corpo frutífero. Pode ser necessário remover o excesso de calor introduzindo ar a uma temperatura mais baixa, a melhor maneira de controlar a temperatura do ar dentro da casa em crescimento é usar ar exterior para ajustá-lo de modo a desejar uma temperatura óptima. Por exemplo, o ar fresco do verão é permitido durante a noite, enquanto que durante os dias o ar que circula é assegurado mesmo nas condições climáticas da sala de crescimento.

CAPÍTULO 3

MATERIAIS E MÉTODOS

Construção de Ambiente Controlado

Foram necessárias salas com ambiente controlado para um produto eficiente de cogumelos de alta qualidade. Eles eram cultivados em galpões especialmente construídos.

Procedimentos para a construção do Ambiente Controlado

Os procedimentos para a construção do ambiente controlado para o cogumelo incluíram o seguinte:

- Seleção e Preparação do Local
- Construção Civil

Estes incluíam o seguinte:

- Marcando o terreno usando cavilhas, linha, corda e regra da fita adesiva.
- Escavação da fundação
- Mistura e Despejo de betão para fazer as fundações do edifício.
- Lançamento da Fundação
- Colocação de tijolos: Os tijolos utilizados foram moldados com terra argilosa e diversos durante cerca de três dias, iniciando-se a colocação dos tijolos. Após a colocação ao nível do lintel, o edifício permitiu que a cura ganhasse mais força, a cura foi feita por três dias completos.
- Fixação de tábuas/timbas

- Cobertura do edifício com material Adex.

NOTA: A razão para usar o adex é controlar a transferência de calor e aumentar a humidade dentro do edifício.

Fatores considerados na construção do ambiente controlado para o cogumelo.

De acordo com a revisão da literatura, não há um tamanho ou desenho padrão de construção para a cultura de cogumelos.

i.   A porta foi desenhada para se adequar a todos e ao equipamento que é utilizado

   ii.   Custo de construção

   iii.   À prova de roedores

   iv.   Provisão de escuridão

Seleções de materiais

Ao seleccionar o cogumelo para este trabalho de projecto, o cogumelo foi cultivado sob ambiente controlado. Os seguintes factores foram considerados para as espécies de cogumelos cultivados.

> O material residual facilmente disponível para ser utilizado como meio de crescimento.

> Que tipo de instalação ou ambiente está disponível

> Custo de produção

Equipamentos e Materiais

Os equipamentos e materiais utilizados para a multiplicação da desova mãe, incluem

- Frasco e frasco cónico

- Resíduos de algodão

- Inoculante loop

- Espírito

- Unidade de esterilização (panela de pressão, autoclave)

- Queimador ou chama de Bunsen, tubo de ensaio, etc.

Preparação do Substrato

Os diferentes tipos de substratos utilizados na preparação e produção de cogumelos incluíam os seguintes:

a. Farelo de arroz

b. Espiga de milho

c. Farelo de trigo

d. Resíduos de algodão

e. Farelo de arroz - espiga de milho

Obtenção de material

Farelo de arroz: Era fonte da indústria de moagem de arroz na cidade de Igbimo, estado de Ekiti.

Resíduos de algodão: Isto foi obtido de Atikankan, Sabo em Ado Ekiti

Garrafa, farelo de trigo e papel de alumínio: Esta foi a fonte do pequeno vendedor em Oja Oba adjacente à mesquita em Ado-Ekiti

Saco de polietileno: O polietileno utilizado era nylon transparente em rolo de 300kg, que mede 0,26mm de largura e 0,3mm de espessura. Foi obtido a partir de nylon frontal de última geração na rua Ijigbo, Ado Ekiti

Espiga de milho: Esta fonte era de Orin-Ekiti.

Experimentação

A mãe reprodutora utilizada para este trabalho foi a espécie *Pleuroteus*, proveniente do Departamento de Micologia, Faculdade de Microbiologia, Universidade de Ibadan (UI), Ibadan, Estado de Oyo. Nigéria.

As garrafas foram lavadas com detergente e drenadas. Em seguida foram esterilizadas em autoclave à temperatura de 200oC durante 30 minutos. Após a conclusão da esterilização, os frascos foram retirados da autoclave e colocados em uma tábua esterilizada para resfriamento.

Os desperdícios de algodão foram embebidos durante 15 minutos em água limpa e depois lavados, espremidos para remover a água dos desperdícios de algodão até que esta mal produzisse gotículas de água. 1200 g de resíduos de algodão foram pesados, enchidos dentro da garrafa esterilizada, a boca foi então coberta com papel de alumínio e cuidadosamente apertada com elástico. Estes foram levados em autoclave e esterilizados a 121oC durante 15 minutos e depois deixados arrefecer em tábua esterilizada. Isto foi na sala de inoculação onde o laço inoculante foi flamejado com queimador de Bunsen para matar o microorganismo que poderia ter aderido ao material que pode contaminar a semente. O laço da chama foi limpo com álcool, mergulhado na garrafa da semente e misturado com resíduos de algodão já preparados.

Farelo de arroz, farelo de trigo e resíduos de algodão também foram embebidos em água durante a noite em uma bacia limpa diferente, com água cobrindo os resíduos. Os materiais embebidos ou resíduos foram enchidos e drenados espremendo-os entre as palmas das mãos para que a água fosse limpa até que os materiais ou resíduos produzissem gotículas de água, 1200 g de cada material foram pesados, ensacados e esterilizados ou autoclavados durante 15 minutos a 121oC. Em seguida, foi permitido o resfriamento em uma sala de inoculação e inoculada com as mães reprodutoras.

A espiga de milho foi triturada com argamassa e pilão para a quebrar em pedaços. A espiga de milho moída foi então embebida em água durante a noite e drenada espremendo-a entre as palmas até que a espiga mal conseguisse produzir gotículas de água .1200g de espiga de milho moída foram pesadas, ensacadas e autoclavadas ou esterilizadas durante 15 minutos a 121oC, e permitiram que o material autoclavado arrefecesse e depois inoculasse com a mãe mãe mãe

O farelo de arroz foi misturado com espiga de milho na mesma proporção de 50%, cada uma das misturas resultantes foi molhada com água até que se produziu apenas algumas gotículas de água entre as palmas. Assim, 1200g da mistura húmida foram pesados e ensacados; foi então autoclavado durante uma hora a 121oC para matar os esporos microscópicos que pudessem estar presentes. A mistura autoclavada foi então levada para a sala de inoculação e também deixada arrefecer, depois inoculada com a mãe da semente.

Os resíduos de algodão esterilizado foram enchidos na garrafa e inoculados com a mãe, cobertos com papel de alumínio e armazenados em uma incubadora por duas a três semanas (2-3 semanas), como mostrado na Figura 7. O frasco de Pleurotus Sajuca utilizado neste projecto foi testado no outro substrato para se conhecer a sua adequação.

Método de Inoculação do Substrato

Há dois métodos utilizados na inoculação. O método do furo e do sanduíche, mas o método baseado neste trabalho de pesquisa foi o método do sanduíche.

Neste método, a inoculação foi realizada em sala esterilizada; a mão foi desinfetada por lavagem e esfregaço com etanol e luva de mão usada. Os substratos já arrefecidos foram preparados em camadas e a cada camada foi introduzida a mãe da semente, seguida de uma camada de substrato, posteriormente por semente nessa ordem. Após a inoculação, os nylons foram cobertos e atados à boca com corda. Os substratos inoculados foram então mantidos num ambiente escuro, a uma temperatura média de 28,5oC, durante quatro semanas.

Incubação do Substrato

O substrato foi incubado num armário sem pó também chamado câmara escura que foi previamente esterilizado com formalina e excluído do raio de sol directo. Observou-se o dia da ramificação para o substrato e quando a cabeça de alfinete começou a desenvolver-se, durante o período de desenvolvimento do pinhole foi feito no nylon do substrato para permitir a germinação e o desenvolvimento de cogumelos, neste ponto, o substrato foi molhado três vezes por dia para assegurar a estabilidade da humidade para o desenvolvimento dos cogumelos. Assim, foi levado do cogumelo escuro para o ambiente controlado construído.

Colheita

O cogumelo estava pronto para a colheita quando finalmente amadureceu, o período de maturação foi indicado pela dobragem da ponta do píleo, a colheita foi feita com a ajuda de mão e tesoura para evitar o rasgo do substrato com cogumelos durante a colheita. Os cogumelos maduros estavam prontos para serem colhidos após 2-3 semanas do primeiro aparecimento, como se mostra na figura 9.

Processamento de cogumelos

Após a colheita, o cogumelo foi transportado para onde será processado imediatamente. Depois de seleccionados, os cogumelos são preparados para o processamento. O cogumelo pode ser consumido fresco, cozinhando-o ou conservando-o para uso futuro.

Processamento de Cogumelos Frescos

Armazenamento

Os cogumelos frescos (mostrados na figura 4), foram armazenados de duas maneiras para conhecer a melhor maneira de armazenar o cogumelo;

(i) Por Refrigeração

(ii)Secando

(i) **Por Refrigeração:** 2 g de cogumelos recém-colhidos foram imediatamente levados para a geladeira para congelamento. Isto foi feito para

(ii)**Ao secar**: Dois métodos de secagem foram empregados nos cogumelos recém-colhidos, que são a secagem ao sol e a secagem em forno.

- **Secagem ao sol:**

3g de cogumelos recém-colhidos foram secos ao sol e a taxa de perda de peso em intervalos regulares foi monitorizada e registada.

- **Secagem do forno**

O forno de laboratório foi utilizado para realizar a secagem a três níveis de temperatura 60o C, 105o C e 120o C para 3g de cogumelos recém-colhidos.

Moagem do Cogumelo Seco

Os produtos secos obtidos no forno foram moídos em forma de pó, utilizando o misturador.

Embalagem e Selagem

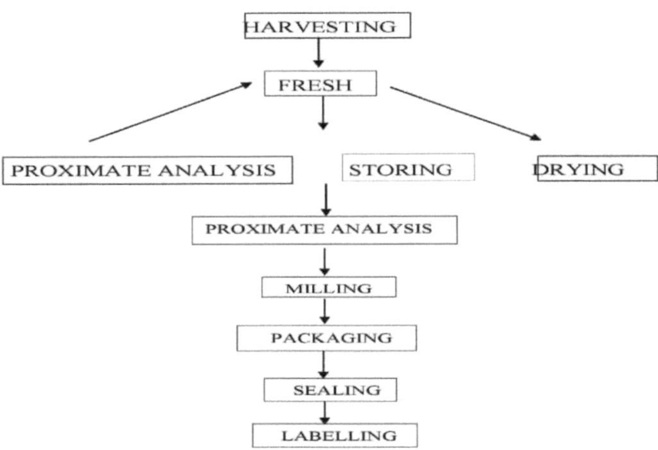

Após a colheita, secagem e quando sujeito a moagem. Os cogumelos secos triturados foram pesados 10 g cada, embalados dentro de uma película transparente, e selados com uma máquina seladora. Assim, foram armazenados num ambiente livre de pó.

Figura 1: Fluxograma de Processamento do Cogumelo

Determinação das Propriedades de Engenharia do Cogumelo

Foram determinadas as seguintes propriedades de engenharia do cogumelo:

(i) **Propriedades Físicas do Cogumelo**

(ii) **Propriedades bioquímicas**

(i)   Propriedades Físicas do Cogumelo

As seguintes propriedades foram determinadas nos cogumelos, que são;

- Missa

- Volume

- Densidade

- Área de Superfície

- Esfericidade

- Forma

- Diâmetro

- Espessura

- Altura

(ii)   Propriedades bioquímicas

Análise de Proximidade: A análise proximal de cogumelos frescos, secos e congelados foi realizada. Os seguintes parâmetros foram testados sob a análise proximal.

i. **Conteúdo de umidade:** Isto foi determinado usando a relação;

$$\text{Percentage moisture} = \frac{\text{initial weight} - \text{final weight}}{\text{Initial weight}} \times 100$$

$$\%MC_{wb} = \frac{W1 - W2}{W1} \times 100$$

ii. **Ash Content**: $\text{Percentage Ash} = \dfrac{\text{Weight of ash}}{\text{Weight of sample}} \times 100$

iii. **Fat Content:** $\text{Percentage Fat} = \dfrac{\text{Weight of fat}}{\text{Weight of sample}} \times 100$

iv. **Crude Protein:** This was given using the relation

$$1ml \text{ of } 0.1m + Hcl = 0.0014gN$$

$$D = \text{Dilution factors}$$

$$= \frac{\text{Dilution of Digest}}{\text{Weight of Acid used}}$$

v. **Carbohydrate**

Percentage available carbohydrate

$$= 100 - (\%\text{moisture} + \%\text{Ash} + \%\text{protein} + \%\text{fibre})$$

CAPÍTULO 4

RESULTADOS E DISCUSSÃO

As propriedades físicas determinadas sobre o cogumelo colhido, que foram: Esficidade, Forma, Diâmetro, Massa, Espessura, Densidade e altura. As implicações de custo foram estimadas e mostradas na Tabela 4.

As seguintes propriedades foram determinadas no cogumelo e também o custo de cultivo do cogumelo, que são mostrados nas Tabelas 1, 2 e 3.

Tabela 1: Lista de Materiais de Engenharia (Custo dos Materiais de Construção)

S/N	ITEM	QUANTITY	UNIT PRICE (₦)	AMOUNT (₦)
1	Blocks	300	100.00	30000:00
2	Cement	2	2500:00	5000:00
3	Nail	½ pack	1000:00	1000:00
4	Adex Roofing sheet	6	1500:00	9000:00
5	Plan	1	–	2500.00
6	Disinfectants	2	–	500.00
Net total				**48,000**

Tabela 2: As Propriedades Físicas do Cogumelo Colhido

Parameter	Result
Height (mm)	0.00497
Volume of mushroom top (mm^3)	2.95×10^{-11}
Volume mushroom stem (mm^3)	9.85×10^{-12}
Surface area of the con (mm^2)	4.61×10^{-7}
Average mass of fresh mushroom harvested (kg)	0.278
Density (kg/m^3)	7.083×10^{-9}

PROPRIEDADES BIOQUÍMICAS

Análise de Proximidade;

O valor nutritivo dos cogumelos frescos, secos e congelados foi realizado como mostrado na tabela 2

Tabela 3: Valor Nutricional

Samples	%Ash	%Protein	%Fat	%Crude fibre	%Moisture Content	%Carbohydrate
Fresh	2.0	4.0	5.0	3.0	85.0	1.0
Dried	3.0	6.0	6.0	4.0		
Frozen	1.0	4.0	5.2	2.9	86.3	0.6

Quadro 4: Custo do cultivo de cogumelos

S/N	ITEM	QUANTITY	UNIT PRICE (₦)	AMOUNT (₦)
1	Sterile bottle	40	50:00	2000:00
2	Polyethylene	½ roll	–	–
3	Spawn	9 bottles	700:00	6300:00
4	mother	–	–	–
5	Substrate	5	50:00	250:00
6	Sack bag	2 bag	250:00	500:00
7	Cotton waste	5 kg	50:00	250:00
8	Wheat bran	1	150:00	150:00
9	Spirit	–	–	500:00
	Foil paper			9,950:00
	Net total			

Discussão

Da tabela 1, o custo total para a construção do ambiente controlado para a instalação experimental do cogumelo foi de #48.000. A massa média de cogumelos colhidos foi de 0,278 kg, enquanto que 0,005 kg de cogumelos foram encontrados em #250 nas fazendas Afe Babalola. Isso significa que,

por 0,278kg, o custo de venda será de #13.900 em comparação com o custo de produção de #9.950. O lucro realizado com a produção inicial, vai ser de #3.950.

Mas para a produção subsequente, o lucro realizado seria maior. Isto porque alguns itens comprados podem ser usados mais de uma vez e há alguns que são fixos, como as garrafas esterilizadas.

Durante a secagem, o calor não tem efeito no valor nutritivo quando seco a uma temperatura mais baixa, de preferência 60oC, mas quando a temperatura é mais alta, perde alguns dos seus nutrientes (Manoj *et al.,* 2009). A uma temperatura mais baixa, há uma ligeira mudança na cor, mas quando submetida a uma temperatura elevada, a cor das amostras mudou de cinzento para chocolate. O calor não tem efeito sobre o valor nutritivo quando seco a uma temperatura mais baixa, de preferência a 60oC. Para efeitos deste trabalho de investigação, não foram incorridas despesas indirectas como o transporte; no sentido em que o local onde a semente foi colhida estava próximo e em termos de mão-de-obra, foi transportada por nós com supervisão minuciosa.

CAPÍTULO 5

CONCLUSÃO E RECOMENDAÇÕES

Sendo o cultivo de cogumelos uma actividade agro-industrial rentável, poderia ter um grande impacto económico e social ao gerar rendimentos e emprego tanto para as mulheres como para os jovens, particularmente nas zonas rurais dos países em desenvolvimento. A indústria dos cogumelos também pode ter repercussões positivas ainda mais amplas, gerando emprego complementar em áreas como o alojamento, serviços de restauração, etc.

Conclusivamente, o custo total da construção do ambiente controlado para a instalação experimental do cogumelo foi de #48.000, enquanto o custo total de venda do cogumelo colhido foi de #13.900, em comparação com o custo de produção de #9.950, obtendo assim um lucro de #3.950. Para produções subsequentes, o lucro realizado seria maior.

Recomendações

Para que a produção de cogumelos sirva como meio de resolver os desafios económicos na Nigéria, foram feitas as seguintes recomendações:

i. Seleccionar estirpes-alvo apropriadas de diferentes cogumelos cultivados numa base sazonal, para que se possa tentar obter rendimentos durante todo o ano.

ii. Fazer uso de resíduos lignocelulósicos existentes e resíduos de actividades agrícolas e agro-indústrias.

iii. Criar oportunidades de emprego, especialmente para as mulheres e os

jovens das zonas rurais, e controlar/reduzir a poluição.

iv. Enfatizar os cogumelos de retorno rápido de investimento e seleccionar

espécies de crescimento relativamente rápido que podem ser colhidas

dentro de 3 a 4 semanas após a desova, gerando assim benefícios

imediatos.

v. Promover espécies de cogumelos que demonstraram gerar potentes

nutricos com atributos imunológicos superiores: espécies cujos produtos

naturais incluem compostos bioactivos únicos que podem tornar as pessoas

mais saudáveis e em forma.

REFERÊNCIAS

Ares, G., Lareo, C., & Lema, P. (2007). *Modified Atmosphere Packaging for Postharvest Storage of Mushroom.* Global Science Book, Julio Herrera y Reissig 565. C. P. 11300, Montevidéu, Uruguai. 1

Boa, E. (2004). *Fungos comestíveis selvagens. Uma visão global do seu uso e importância para as pessoas. Produto Florestal não madeireiro,* Série nº. 17.

Roma; FAO. 148

Duggar, V.S. (2000). Cultivo do Cogumelo Shiitake em um clima continental. [2].Ed Field & Forest Products, Peshtigo, WI. Pp114.

Elaine M. e (Tan) Nair N. G. (2009). Ganhe dinheiro com o cultivo de cogumelos

Infra-estrutura Rural e Divisão de Agroindústrias da Organização das

Nações Unidas para a Alimentação e Agricultura (FAO). Pp 1-53

Kemisola, O.A., Oladimeji, I.O. e Mabel N.E. (2004). Departamento de

Economia Agrícola, Universidade de Ibadan. Departamento de Extensão

Agrícola e Desenvolvimento Rural, Universidade de Ibadan.

Kokoti, Gameli Kwabla (2015). Avaliando o Efeito do Processamento

Técnicas sobre Atributos Físicos, Armazenamento e Composição

Nutricional do Cogumelo Silvestre *(Termitomyces* Spp) e do Cogumelo

Ostra *(Pleurotus Ostreatus)*. Esta tese é submetida à Universidade de

Gana, Legon em Cumprimento Parcial do Requisito

para a atribuição do grau de Mphil Crop Science. http://ugspace. ug.edu.gh.

Oei, P. (2003a). Manual sobre o cultivo de cogumelos: Espécies técnicas e

oportunidades de aplicação comercial em países em desenvolvimento.

Publicações TOOL. Amsterdão, Holanda. 274p.

Oei, P. (2003b) *Mushroom Cultivation* 3rd Edition: Tecnologia Apropriada para

Cultivadores de Cogumelos. Backhuys Publishers, Leiden, Holanda. 4

- 6, 14 - 18, 114 - 117, 355 - 357, 366 - 384.

Manoj K., Anupama S., Deepti e Vipul (2009). Efeito da Secagem

Condições sobre a Qualidade do Cogumelo. Departamento de Processo Pós-

colheita e Engenharia Alimentar, G. B. Pant University of Agriculture &

Technology, Pantnagar - 263 145, Índia, manojkul@gmail.com *Journal of*

Engineering Science and Technology Vol. 4, No. 1 (2009) 90 - 98 © School of Engineering, Taylor's University College 90.

Rai, R. D., & Arumuganathan, T. (2008) *Postharvest Technology of Cogumelos*, Diretor, Centro Nacional de Pesquisa de Cogumelos, Chambaghat, Solan - 173 213 (HP), Índia, 1-2, 5, 32, 43.

Roger, W. (2000). Medicinal Mushrooms You Can Grow. A Cariaga Editora. 196p.

Royse, D.J., e Schisler L.C., (1998). Interdisiplinary sciencereview. Vol.5, No.4. P.324-331.

Stamet , P. (1995). Cultivo de cogumelos Gourmet e Medicinal. Prensa de dez velocidades. Berkeley, (A.592p.).

Verma, R. N. (2013) *Indian Mushroom Industry - Past and Present.* Centro Nacional de Pesquisa de Cogumelos, Chambaghat, Solan (H. P.), Índia. 8 - 15

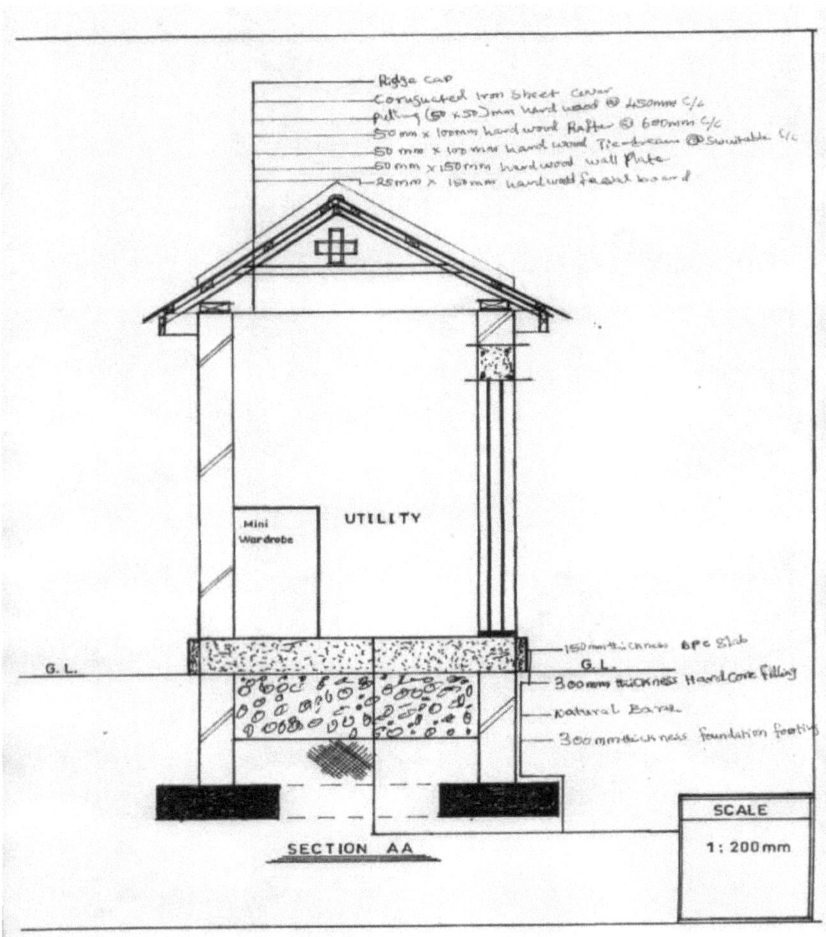

Figure 2: Cross Sectional View of the Constructed Building

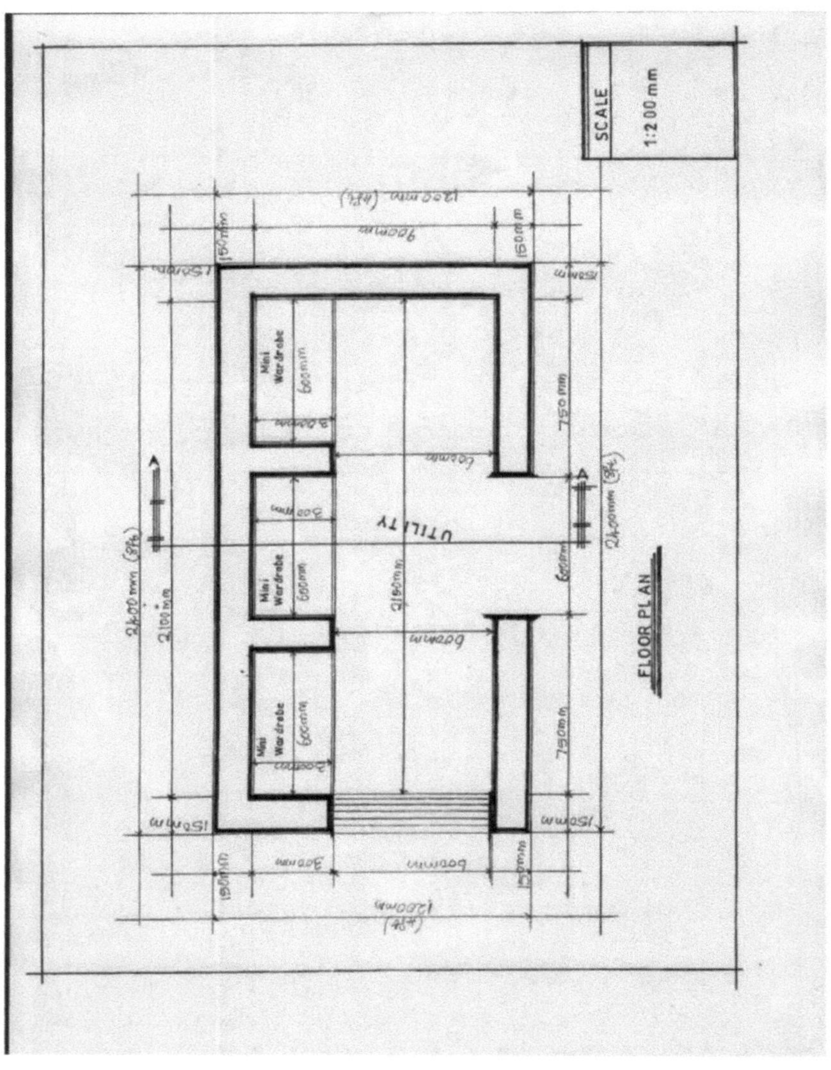

Figure 3: Floor Plan

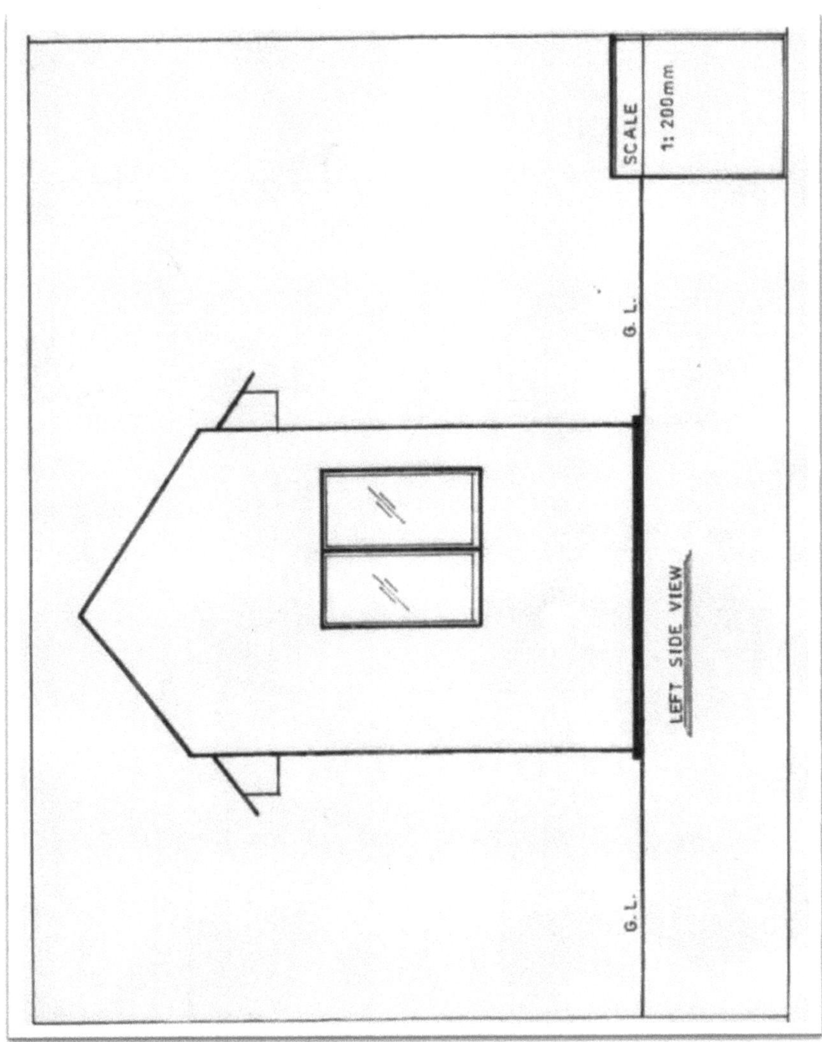

Figura 4: Vista Lateral Esquerda

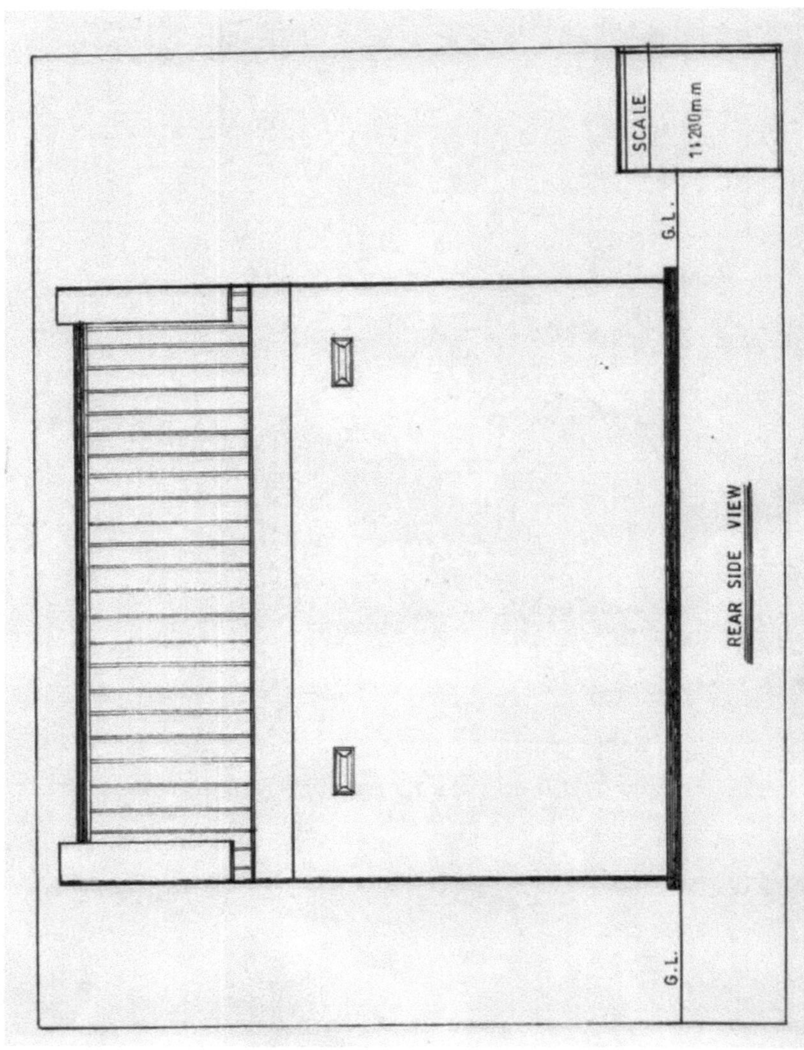

Figura 5: Vista Lateral Traseira

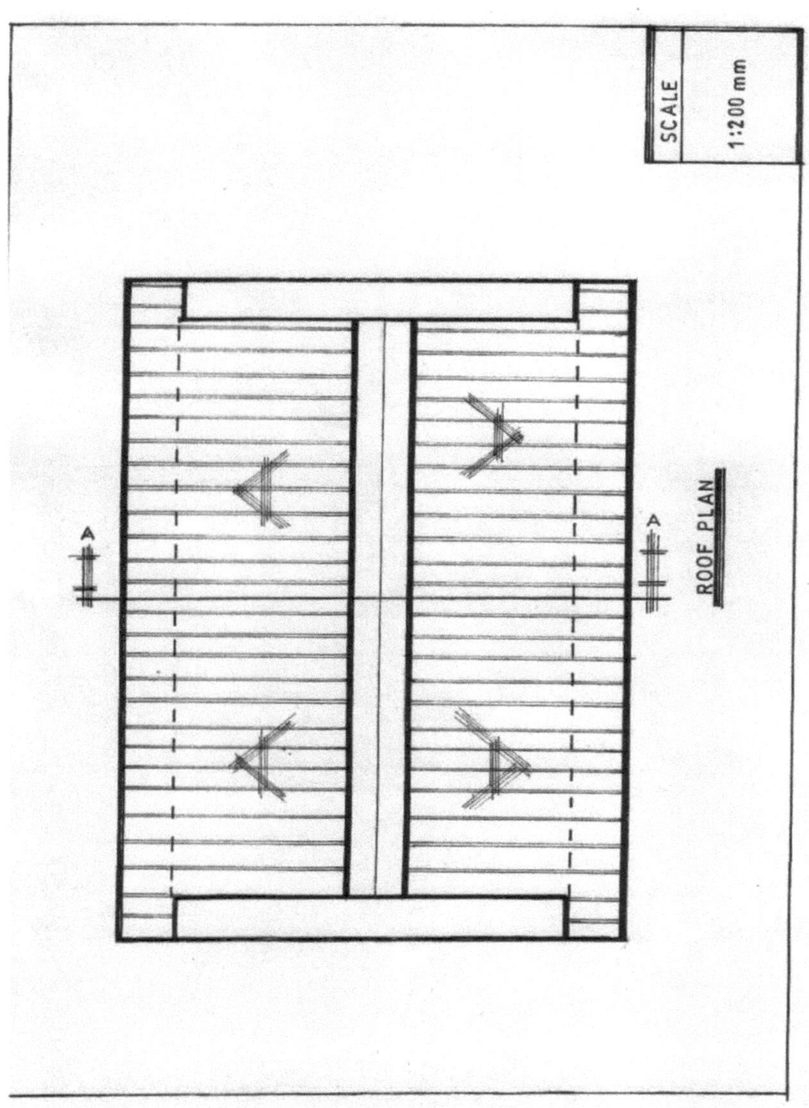

Figura 6: Plano de telhado

Figura 7: Resíduos de Algodão Esterilizado

Figura 8: Após duas ou três (2-3) semanas na sala de incubação

Figura 9: Substrato Esterilizado

Figura 10: Cogumelo maduro

Figura 11: Cogumelo Fresco Colhido

Figura 12: Cogumelo seco

Printed by Books on Demand GmbH, Norderstedt / Germany